蜜蜂授粉科普系列丛书

蜜蜂授粉油料

更高产

农业农村部种植业管理司
全国农业技术推广服务中心　编绘
中国农业出版社

中国农业出版社
北京

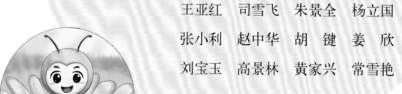

植物油既好吃又有营养

　　《舌尖上的中国》是"妈妈的手艺"和食材的配合。煎炒烹炸，都离不开食用油。食用油分为植物油和动物油，它们都可以使食物更加鲜美，还能为我们提供热量。尤其是植物油，其中含有的不饱和脂肪酸对人的身体有很多的好处。

　　花生油、葵花籽油、菜籽油、芝麻油都是植物油，那你知道它们是怎么来的吗？

哇！

真好吃！
植物油让
我更聪明。

植物油是从哪里来的呢？植物的种子或者果实都含有脂肪，有的含得多，有的含得少，含脂肪比较多的植物被叫做油料作物。

用机器挤压油料作物的种子，就会有脂肪以液体的形式流出来，再经过加工，就变成了我们日常做饭用的食用油了。

人类果然很聪明！

蜜蜂给油料作物授粉好处多多

我们知道，只有经过授粉的花朵才会结出果实，那么，都是谁会给花朵授粉呢？是风和昆虫。植物授粉分自然授粉和昆虫授粉，蜜蜂就是授粉昆虫里的大专家。我们吃的水果、坚果有三分之一是依靠蜜蜂授粉来的呢。

而且经过蜜蜂授粉的植物结出的果实更多，种子更饱满，脂肪含量也更高。经过蜜蜂授粉的油料作物种子可以榨出更多的食用油，味道也更美味！

看！成熟饱满的种子会沉在水底。

自然授粉　　　　蜜蜂授粉

自然授粉　　　　　蜜蜂授粉

自然授粉　　　　蜜蜂授粉

自然界蜜蜂授粉有困难

　　小小的蜜蜂可以给我们的生活带来这么多好处，可是近几十年，人们发现蜜蜂越来越少了，为什么会这样呢？

　　我们还是从蜜蜂吃什么说起吧，蜜蜂是靠吃花粉和花蜜活着的。蜜蜂身上长了很多绒毛，它在采集花粉和花蜜的时候，总是从一朵花飞向另一朵花，在填饱自己肚子的同时也在帮植物传送花粉。可以说，大自然中，只有花朵多了，蜜蜂才会多。

　　但是，随着现代农业的发展，尤其是人们越来越多地大面积种植单一品种农作物，蜜蜂的"粮食"就越来越少了。农作物开花的日子也就那么短短一两个星期，剩下的日子，没有花蜜可以采，蜜蜂就只能饿着肚子了。

为了防治植物病虫害，现在的农民伯伯还很爱使用杀虫剂，他们不知道在杀灭害虫的同时，也误杀了不少人类的好朋友——蜜蜂。

蜜蜂少了，人类的生活受到了很大影响。没有蜜蜂授粉，花朵开了，却结不出果实，粮食减产……

幸好，人们意识到了这些问题，很早就开始人工养殖蜜蜂，而且这些人工养殖的蜜蜂授粉更专业！它们都有自己的特长，执行授粉任务效率更高，效果更好。

适合给油料作物授粉的蜜蜂

意蜂，最早在意大利养殖培育，后经日本传入我国，它们是给油料作物授粉的主力军。

意蜂有很多优点，身强力壮，蜂王产卵能力强，所以，意蜂家族庞大，"蜂"丁兴旺，很适合给大面积种植的油料作物授粉。不仅如此，意蜂还很擅长长途迁徙，哪里花开飞哪里，可以跟随季节追花逐蜜。

哇！

2000枚

蜂王一天产卵的重量相当于本身重量的 2 倍！

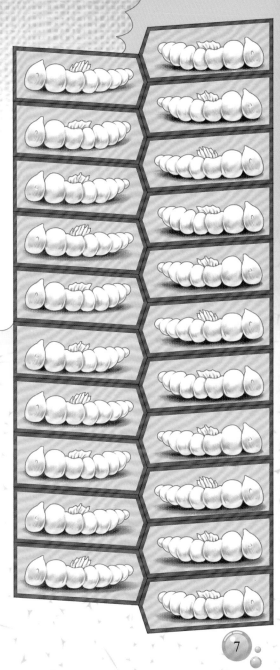

　　在自然状态下，一个意蜂蜂群一年可以分蜂一到两次，也就是可以一个变三个。人工养殖的意蜂，因为条件适宜，食物充足，繁殖能力更强，一箱可以变成几十箱，是目前常见蜜蜂品种中繁殖能力最强的。优质蜂王在高产期一天可以产卵 2000 枚。

我国独有的蜜蜂品种——中华蜜蜂也是给油料作物授粉的小能手。中华蜜蜂比意蜂个头小，但飞行速度快，嗅觉灵敏，即使隔着很远的距离，也能"闻"到花粉香，适合给山地、丘陵生长的油料作物，像油菜、油茶、胡麻等授粉。

　　中华蜜蜂耐低温，出巢早，归巢迟，每天能比意蜂多工作2～3个小时，它们还很"恋家"，不喜欢到处闯荡，适合在山区定点饲养。

有一种淡淡的香味从山那边传来……

哎呦，你的鼻子比我厉害啊！

蜜蜂喜欢的油料作物——油菜

我国油料作物很多，油菜和向日葵是蜜蜂最喜欢的。

油菜是世界排名前四的油料作物，在所有的油料作物中，油菜的种植面积最大。更重要的是，我国油菜种植范围极广，从南到北，从当年11月到翌年8月，都有油菜花开，蜜蜂可以一路追着花香，从冬天到第二年秋天。

油菜和蜜蜂是一对互帮互助的好朋友，油菜花粉很多，蜜蜂可以吃得饱饱的，有利于蜂群的繁殖和壮大。经过蜜蜂小脚踩过的油菜花，可以结出更多更饱满的油菜籽，为我们提供更好的菜籽油。

蜜蜂能给油菜带来这么多好处，那油菜田里的蜜蜂是从哪里来的呢？

极少一部分是蜜蜂闻着花香自己飞来的，还有一大部分是种植农户"请"来的。油菜花开之前，他们会联系养蜂机构或者养蜂农户，根据自己的种植面积预定蜂群数量，严格按照要求做好田间管理，然后就等着蜜蜂上门为他们服务了。

今年承包了200亩土地，都算种油菜，都亏了专家的知道啊！

是你勤劳致富，和小蜜蜂一样。

谢谢专家，这蜜蜂别看个头不大，干活真勤快，去年蜂农还送我们不少蜜蜂。😁😁😁

注意保护蜜蜂，千万别乱打药。

那必须的！🙏

即使是第一次"请"蜜蜂授粉也不用担心哦，养蜂专家会全程指导，给出专业建议。

昨天 17:58

我以前从来没用过蜜蜂授粉，听说隔壁村的用过，收成比我们家高不少，所以我想试试。

昨天 18:15

蜜蜂授粉可以提高产量，您今年用过就知道了。

昨天 18:21

太好了！能多赚点钱了。😂就是不知道怎么用。

放心，到时候我们会全程跟踪，授粉不用你操心。

我爱我的蜜蜂！我要让它们都健健康康的！

蜂巢饲喂器

糖罐

为了提供更好的"蜜蜂"服务，蜂农对蜜蜂的照顾可细心了。

天气冷的时候，要给蜂箱裹上棉被，防止蜜蜂冻伤，没有花蜜可采的日子，蜂农要给蜜蜂喂花粉、蔗糖，保证营养充足。

在授粉前的休整期，农户要注意观察蜂群，如果蜂王老了或者身体不好，就要趁机选出新的蜂王。一个健壮的蜂王不仅可以管理好蜂群，令蜂群稳定，还可以产出更多健康的蜂卵，让蜜蜂家族不断壮大。

我生而为王！

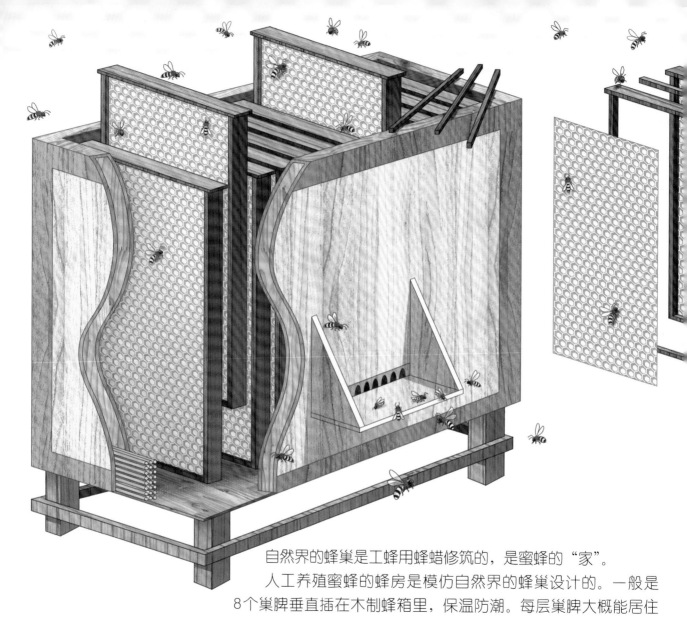

自然界的蜂巢是工蜂用蜂蜡修筑的，是蜜蜂的"家"。
　　人工养殖蜜蜂的蜂房是模仿自然界的蜂巢设计的。一般是8个巢脾垂直插在木制蜂箱里，保温防潮。每层巢脾大概能居住3500只蜜蜂，一个蜂箱能容纳2.5万只蜜蜂。

大块田地均匀穿插摆放。

小块田地靠边摆放。

油菜花开了，蜜蜂出发的哨声就吹响了。

蜂农带着蜂箱赶到油菜田，安营扎寨，经过休整的蜜蜂要大展身手了。

蜂农会把蜂箱按照 10 ～ 20 个为一组，均匀摆在油菜田间，蜂巢门朝阳，好让蜜蜂感受到早晨的第一缕阳光。

油菜花整体花期最长，有一个月时间，一个月之后油菜花结籽，蜜蜂就得奔赴下一个油菜田了。其实，那已经是另外一批新蜜蜂了，因为采蜜季节一只蜜蜂的寿命也就一个月左右，蜜蜂一生可以采蜜的时间也就短短的 20 多天。

菜籽油煎鸡蛋，香喷喷！

随着花期结束，授过粉的油菜花结出一颗颗鲜嫩的荚果，藏在里面的油菜籽正奋力吸收大地的营养。农民伯伯开心地笑了，他和蜂农约定，明年油菜花开的时候，一定要带着他的蜜蜂再来。

当你吃着香喷喷的煎鸡蛋，喝着甜甜的蜂蜜水的时候，要记得感谢那些勤劳的小蜜蜂哦。

蜜蜂授粉油菜籽产量高，但蜜蜂怕农药。农民伯伯为什么要往田里喷农药呢？为了防治病虫害。油菜都有哪些病虫害呢？数一数还真不少。

跳甲：专挑油菜嫩的地方吃，会飞会跳，聪明灵活，很难对付。

蚜虫：最喜欢紧紧腻在植株嫩叶和茎秆上吸食汁液。个头小数量大。很多植物深受其害。

菜青虫：喜欢吃油菜的叶子，总是藏在叶片背面。长大了就会变成蛾子。

菌核病：会让植株长毛、长斑。茎、叶、花、角果都可能被侵染，是油菜最强大的敌人之一。

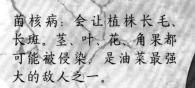

黑斑病：油菜在荚果发育成熟的时候易得此病，先长小黑点，然后慢慢扩大。

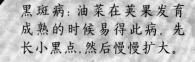

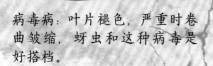

病毒病：叶片褪色，严重时卷曲皱缩，蚜虫和这种病毒是好搭档。

油菜绿色防控小妙招

　　那些病虫害真是太坏了，有没有不喷农药，也能让油菜不生病的办法？当然有了！

　　比如，有一种病毒叫核盘菌，油菜一旦遇见它，就会得菌核病。但这个病毒特别怕被水泡。于是，人们利用这一点，在收完油菜的田里种水稻，因为水稻经常需要用水泡着，那些藏在土壤里的核盘菌就被泡死了。这种水旱轮作的耕作办法，不但消灭了核盘菌，还减少了农药的使用，真是一举两得！

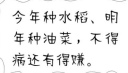

今年种水稻、明年种油菜，不得病还有得赚。

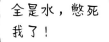

全是水，憋死我了！

我是"阳光2009"选我没错！不怕菌核病！

油菜得了菌核病如果控制不好，会严重影响产量，荚果里只有几颗种子，有的甚至会死亡。

经过长期的实验研究，育种专家选育出了一些对菌核病有天然抵抗力的油菜新品种，被称为抗病品种。推广种植抗病品种是最经济有效的绿色防控办法。

过密

合理密度

一丝风都没有，还有比这儿更好的地方吗？！哈哈…

　　有时候，人们为了增加产量，会增加播种密度。其实，这样做不但不会增产，还容易增加病虫害的发生。植株过密不通风，影响农田水分蒸发，这种温暖潮湿的环境，病毒太喜欢了，它们会加快繁殖速度，植株更容易生病。所以，要减少病虫害，还是要科学种植，既不要太密集，也不要太稀疏。

蚜虫带着病毒来啦

病毒入侵

蚜虫，也叫腻虫，是地球上最具破坏力的害虫之一。繁殖能力超强，一年能繁殖10～30个世代。神奇的是，雌性蚜虫一生下来就能生育，而且不需要雄性。这种现象叫做孤雌生殖。

蚜虫和油菜病毒是一对坏朋友。蚜虫数量多，繁殖快，当它们身上沾上病毒以后，它们就变成了活的病毒传播者，爬到哪里就把病毒带到哪里。所以，要想控制病毒扩散，先要控制蚜虫这个病毒运输机。

要控制蚜虫，首先要利用好它的天敌。瓢虫、食蚜蝇、草蛉都很喜欢把蚜虫当美味，在生态好的地方，一定不要滥用杀虫剂，不要伤害了对人类有益的昆虫。

完了，完了，被粘上了。

蚜虫成虫喜欢黄颜色，在田里插放黄色黏虫板诱杀长着翅膀的蚜虫成虫，能减少蚜虫繁殖。

病叶、老叶抵抗力差，容易招虫染病，要及时清除这样的叶片；田间地头有蚜虫喜欢吃的杂草，也要尽量清除干净。防病防虫，一定要勤检查，勤处理。

生物农药防治蚜虫，对蜜蜂安全友好，放心使用。

在蚜虫初发期，可以用喷洒生物农药的办法消灭它。生物农药的最大特点是只杀害虫，对人畜、环境无害，当然也不会伤害到小蜜蜂。

油菜田里经常用到的生物农药有：苦参碱、虫酰肼，它们不但能杀死蚜虫幼虫，也能杀死别的害虫，是一种既环保又安全的杀虫剂。

如何配制生物农药呢？

在容器中加入清水，再把生物农药加进去。

充分搅拌至农药完全溶解，农药母液就配好了。

在喷雾器中加清水，把农药母液倒入并搅拌。再将水加满搅拌，这样就能使用了。

偷吃要付出惨痛的代价！

斜纹夜蛾、小菜蛾、跳甲也是会伤害油菜的害虫，怎么对付它们呢？

可以在田里悬挂性诱捕器，性诱捕器能释放出吸引雄虫子的雌虫气味，雄虫子闻到气味，不知道是陷阱，就自投罗网了。没有了雄虫子，雌虫子产下的卵没有受精，发育不成小虫子，害虫家族成员就会越来越少了。

性诱捕器还真是一种既环保又经济的好办法呢。

这些害虫把我辛苦种的油菜都给啃了！

25

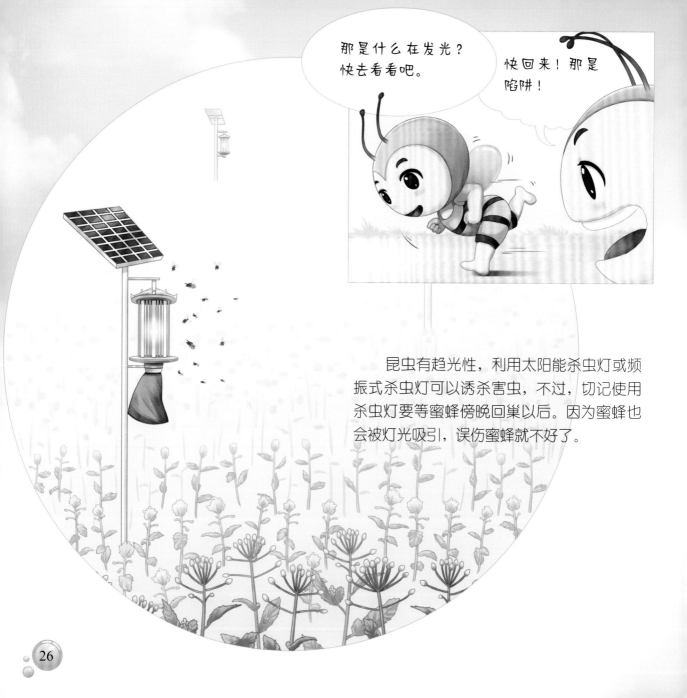

那是什么在发光？
快去看看吧。

快回来！那是
陷阱！

昆虫有趋光性，利用太阳能杀虫灯或频振式杀虫灯可以诱杀害虫，不过，切记使用杀虫灯要等蜜蜂傍晚回巢以后。因为蜜蜂也会被灯光吸引，误伤蜜蜂就不好了。

蜜蜂喜欢的油料作物——向日葵

相比油菜，种植向日葵的农民更欢迎蜜蜂。试验证明：3~5亩向日葵田放一箱蜜蜂，结实率95％以上，增产20％。

这要从向日葵花特殊的结构说起了。向日葵外圈儿像舌头一样的花叫舌状花，它是无性花，没有花粉，它的作用只是吸引蜜蜂的注意，就像是召唤蜜蜂的漂亮小旗子。

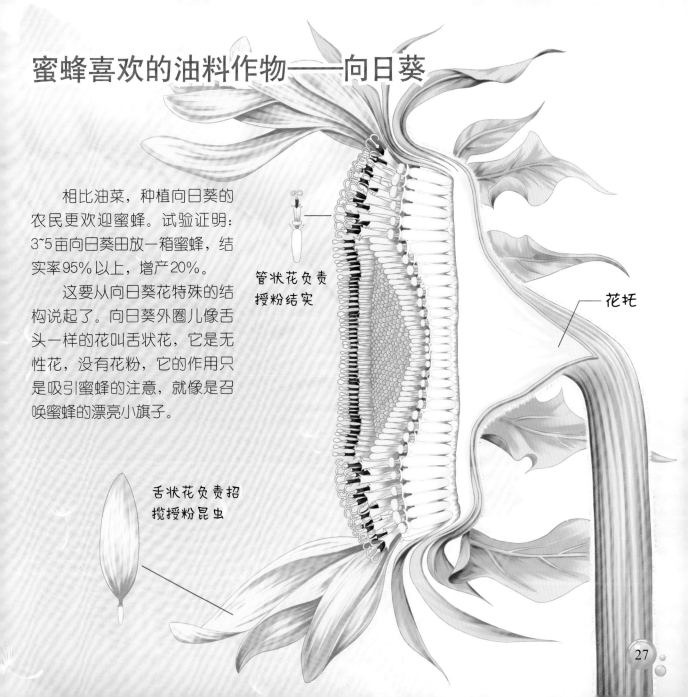

管状花负责授粉结实

花托

舌状花负责招揽授粉昆虫

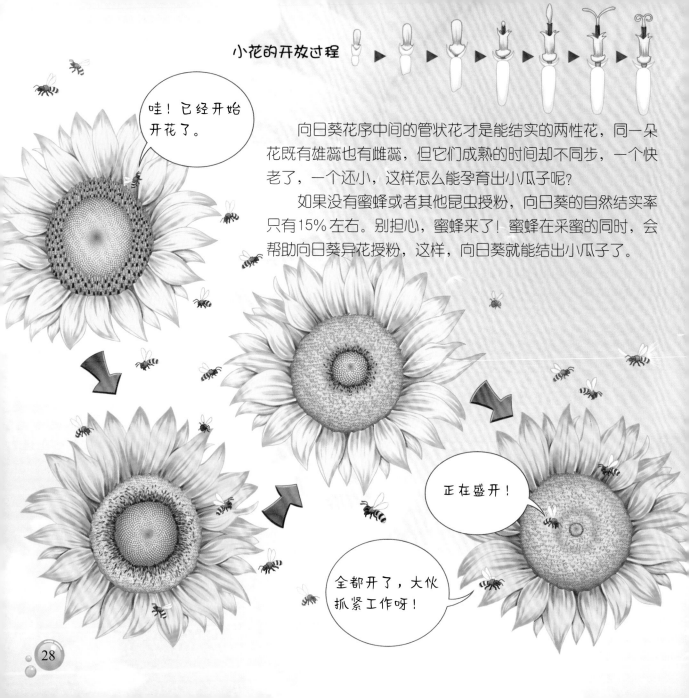

哇！已经开始开花了。

向日葵花序中间的管状花才是能结实的两性花，同一朵花既有雄蕊也有雌蕊，但它们成熟的时间却不同步，一个快老了，一个还小，这样怎么能孕育出小瓜子呢？

如果没有蜜蜂或者其他昆虫授粉，向日葵的自然结实率只有15%左右。别担心，蜜蜂来了！蜜蜂在采蜜的同时，会帮助向日葵异花授粉，这样，向日葵就能结出小瓜子了。

正在盛开！

全都开了，大伙抓紧工作呀！

七八月是向日葵的盛花期，群体花期一个月左右，这时候也是蜜蜂最忙的时候，"嗡嗡嗡，嗡嗡嗡"到处都是蜜蜂呼朋唤友的声音。

　　向日葵花期长，花粉、花蜜丰富，花粉含糖量高，利于蜜蜂采集。这个季节，蜂王的产卵量会增加，蜜蜂家族会添好多蜂宝宝。

蜂蜜　　　　　蜂蜜

花粉

卵和幼虫

蛹
（在封口的蜂房里）

我喜欢蜜蜂，蜜蜂越多，蜂蜜就越多。

嗄嗄

盛花期，蜜蜂每次出巢都能满载而归，蜂箱里的蜂蜜也越来越多。这时候，蜂农就会把蜂箱里的蜂蜜取出来一些，这些蜂蜜经过消毒加工可以变成很多好吃的食品。其实，蜂农这么做，也是为蜂宝宝提供空间，适当取出蜂蜜，才能保证蜂王有足够的地方产卵。

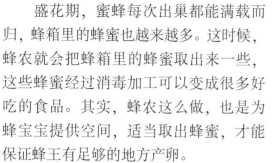

女王陛下，育婴房都准备好了，可以继续产卵了！

向日葵的盛花期正值炎热的夏季，虽然给向日葵授粉的意蜂比较耐高温，可气温一旦超过35度，它们也会感觉不舒服。所以，这时候，要帮助蜜蜂防暑降温，比如搭个遮阳棚，或者在蜂箱周围洒些水，都是很好的办法。

使用蜜蜂授粉，要保证授粉区域周围2.5千米之内没有化工厂、农药厂、被污染的水源，因为它们散发出来的毒素会污染周围的空气和水，会给蜜蜂造成伤害。

蜜蜂食用了含有毒素的花粉之后，会身体失灵，性情暴躁，身上会有毒素的味道，当它们飞回蜂巢时，会被守卫蜂发现，阻止它们进入蜂巢。

如果蜜蜂采食了有毒的花粉或花蜜，恰巧没被守卫蜂发现，偷偷回到了蜂巢，在酿造蜂蜜的过程中也会被别的蜜蜂发现，还是要被驱逐出去的。因为一旦有毒，就会传染给整个蜂群。蜜蜂这样做，也是为了蜂群的安全。

对不起了，兄弟！

你采的毒蜂蜜会影响大家的！

向日葵绿色防控小妙招

> 不要跟我开玩笑，谁能跟我比！

我们喜欢向日葵，一些害虫和病毒也很喜欢向日葵。有一种叫黄萎病的病菌就非常喜欢缠着向日葵，在向日葵还是小苗的时候，就开始入侵。它会使向日葵的叶子慢慢褪色，从深绿变成浅绿，从浅绿变成黄褐色，最后像一张"虎皮"一样斑驳，严重的时候还会导致植株死亡。

病菌就像隐形杀手，对付它们要早预防早处理。

如果看到田里有感染病菌的向日葵，就要及时清理，包括枯干的枝叶，生病的植株，都要清理干净。

有些向日葵品种含有天然的对抗这些病菌的"防护基因"，就像天生戴了"小盾牌"一样，黄萎病高发区可以选择种植这些品种。另外，农业育种专家们也一直在研究实验，争取给更多的向日葵品种戴上"小盾牌"。

向日葵黄萎病菌虽然很难缠，但人们发现它有一个弱点：没有办法在向日葵田以外的地方繁殖，只要离开了向日葵，它就活不下去。

农民伯伯就用玉米、小麦、高粱等农作物和向日葵轮作，这个办法大大减少了向日葵黄萎病的发病概率。

因为知道了黄萎病菌的特点，农业科学家还研制出抗重茬菌剂来减少土壤中的病菌。它不是农药，而是一种以枯草芽胞杆菌为代表的有益微生物菌剂。

只要把向日葵种子和抗重茬菌剂一起播种到田里，抗重茬菌剂就能快速繁殖成数量庞大的有益菌部队，和黄萎病菌战斗，能把它们打得稀里哗啦，落荒而逃，让向日葵健康成长。

向日葵列当

除了肉眼看不见的病菌，向日葵田里还经常潜伏着一些不起眼的开紫色小花的向日葵列当。

宝宝好害怕！

向日葵列当是寄生在向日葵根上的杂草，如果土壤里有向日葵列当的种子，受到向日葵根系分泌物的刺激，列当就会萌发，长出像吸盘一样的根吸附在向日葵根上，吸收向日葵的营养。一株向日葵列当花能产 5 万到 10 万颗种子，生长速度快，繁殖力强，向日葵列当像一架机器争分夺秒和向日葵争夺营养，对向日葵危害极大。

水位涨到这么高了，列当应该都淹死了。

由于向日葵列当会带来非常严重的后果，育种专家们已经研究实验出抗列当的向日葵新品种，在一些区域可以种植这些品种。

消灭向日葵列当还可以用水淹的办法，在列当开花之前，给向日葵田大量灌水，向日葵列当花就没办法产出种子，从而从源头消灭它们。

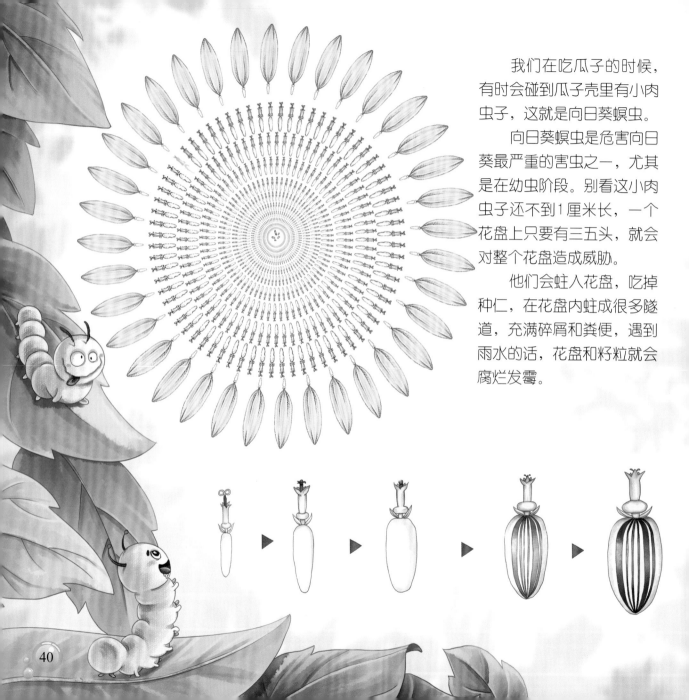

我们在吃瓜子的时候，有时会碰到瓜子壳里有小肉虫子，这就是向日葵螟虫。

向日葵螟虫是危害向日葵最严重的害虫之一，尤其是在幼虫阶段。别看这小肉虫子还不到1厘米长，一个花盘上只要有三五头，就会对整个花盘造成威胁。

他们会蛀入花盘，吃掉种仁，在花盘内蛀成很多隧道，充满碎屑和粪便，遇到雨水的话，花盘和籽粒就会腐烂发霉。

预防向日葵螟虫，首先可以选择种植抗病品种，比如黑色品种、厚皮品种、短粒品种。其次推迟播种期，让向日葵的花期避开螟虫的盛虫期，可以减轻螟虫带来的危害。还可以把茼蒿种植在向日葵田周围，茼蒿开花比向日葵早，可以吸引螟虫成虫到茼蒿上来产卵，再把这些带有虫卵的茼蒿割除销毁。

这朵花看起来还不错，我就在这儿产卵啦！

还有一个对付蟓虫的绝佳武器——赤眼蜂。赤眼蜂成虫个头小小，眼睛红红。赤眼蜂不产蜜，只消灭害虫向日葵蟓。在赤眼蜂成虫产卵期间，它们会到处搜寻其他昆虫的卵，其中，蟓虫卵是它们的主要目标。奇怪，自己要产卵的时候，为什么要找别的虫卵呢？难道要比比大小吗？

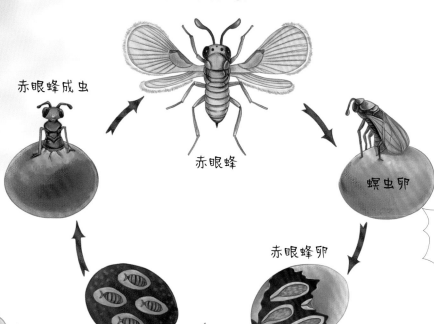

赤眼蜂成虫

赤眼蜂

蟓虫卵

赤眼蜂卵

恩公，多亏有你，我才有饭吃！

其实，这是赤眼蜂在给自己的卵找"新家"呢。它们一旦搜寻到蟓虫卵就会偷偷飞到上面，用腹部末端的产卵器将其刺破，然后将自己的卵"注射"进去。这些卵在"新家"里很快发育成幼虫，幼虫靠吸收蟓虫卵内的营养快速长大，长成成虫后，就会破卵而出，蟓虫卵最终变成一具空壳。

不过，赤眼蜂那么小，怎么把它们放到田里去呢?

不用担心，现在有专门生产赤眼蜂蜂卵的工厂，他们将蜂卵制作成蜂卡。在螟虫产卵最多的时候，把蜂卡用牙签插在向日葵叶片的背面，用不了多久，赤眼蜂成虫就会孵化出来，主动寻找螟虫卵去产卵了。向日葵开花阶段可以放两次赤眼蜂，能消灭不少向日葵螟虫。

经过了重重考验，辛苦种植的向日葵终于到了收获的时节。收早了种子成熟度不够，水分大，产量和含油量都低；收晚了，瓜子容易被老鼠、小鸟偷走，也会造成损失。

当向日葵茎秆变黄，中上部叶片变淡黄，花盘背面呈黄褐色，舌状花干枯或脱落，籽粒坚硬并呈现固有色泽时，就是最佳的收获时机。看呀！蜜蜂授粉加绿色防控让向日葵种子多饱满！

小蜜蜂，大产业。蜜蜂授粉让油料作物颗粒饱满、脂肪含量增多，带给我们更健康、更有营养的食用油。蜜蜂授粉加上绿色防控，让我们的环境更安全，生活更美好。

谢谢你，勤劳可爱的小蜜蜂。

大豆油

花生油

葵花籽油